虹之玉

生石花

黑王子

火祭

石莲花

黑法师

条纹十二卷

玉露

雅乐之舞

月兔耳

熊童子

子持莲华

多肉植物秀

北京市农业局 编

中国农业大学出版社
CHINA AGRICULTURAL UNIVERSITY PRESS

图书在版编目(CIP)数据

多肉植物秀/北京市农业局编，—北京:中国农业大学出版社，2016.7

ISBN 978-7-5655-1605-4

Ⅰ.①多… Ⅱ.①北… Ⅲ.①多浆植物-观赏园艺 Ⅳ.①S682.33

中国版本图书馆 CIP 数据核字(2016)第 125482 号

书　　名	多肉植物秀			
作　　者	北京市农业局　编			
策划编辑	张秀环		责任编辑	张秀环
封面设计	郑　川			
出版发行	中国农业大学出版社			
社　　址	北京市海淀区圆明园西路 2 号		邮政编码	100193
电　　话	发行部 010-62818525,8625		读者服务部	010-62732336
	编辑部 010-62732617,2618		出 版 部	010-62733440
网　　址	http://www.cau.edu.cn/caup		**E-mail**	cbsszs @ cau.edu.cn
经　　销	新华书店			
印　　刷	涿州市星河印刷有限公司			
版　　次	2016 年 7 月第 1 版　　2016 年 7 月第 1 次印刷			
规　　格	850×1 168　32 开本　3.375 印张　90 千字　彩插 2			
定　　价	25.00 元			

图书如有质量问题本社发行部负责调换

北京12316三农服务热线

编委会名单

主　　编　　陶志强　　李全录

副 主 编　　刘　刚　　王大山　　孙伯川

编写成员　　（按姓氏拼音排序）

　　　　　　高晓红　　赖科霞　　李显友　　刘砚杰

　　　　　　芦天罡　　陆　洪　　孙海南　　唐　朝

　　　　　　王晓东　　闻　爽　　肖金科　　张　凤

　　　　　　张　华　　张静宇　　张晓玲

主　　审　　王　静

前　言

　　"12316"是农业部指定的全国农业系统公益服务统一专用号码。"北京12316三农服务热线"是北京市农村工作委员会、北京市农业局开展涉农公益服务的"窗口"。热线于2008年开通，面向农（市）民开展假劣农资投诉举报、信息技术咨询、领导决策信息支持参考服务。先后提供服务40余万次，得到了社会各界的认可。

　　热线开通以来积累了大量实用农业技术信息，为了更好地为社会公众提供涉农信息服务，我们梳理热线服务中咨询普遍、切合生产生活实际的相关问题，进行归纳提炼，在2010年出版了《北京12316农业服务热线农业技术咨询1 000例》，2012年出版了《北京12316农业服务热线农业技术咨询1 000例》（2），2014年出版了《北京12316农业服务热线咨询问答》，2015年出版了《北京12316三农服务热线畜禽养殖技术问答》。

　　《多肉植物秀》以市民普遍关注的办公桌绿化植物为切入点，介绍了部分多肉植物的品种以及多肉植物的栽培技术。全部内容编排采取问答形式，力求信息准确、资料翔实、技

术可靠、方便实用、通俗易懂，具有较强的针对性和实用性。本书既是"北京12316三农服务热线"为民服务的延伸，也是一本工具书，旨在普及农业知识，使农民、市民朋友了解到全面、准确的生产生活信息。

由于编写时间紧，编写人员水平有限，本书难免存在不妥之处，敬请读者提出宝贵意见。

编　者

2016年4月

目录

多肉植物

一、关于多肉植物的基础知识

1. 什么是多肉植物？

答：在植物的根、茎、叶中，凡其中的一种或两种器官具发达、可贮藏水分的薄壁细胞组织，且外形上呈现肥厚多汁特征的植物种类，被称为多肉植物或多浆花卉。

多肉植物根据肉质化部位的不同，可分为叶多肉植物、茎多肉植物和茎干状多肉植物。

全世界的多肉植物有1万多种，他们在植物分类上隶属

于几十个科。其中以仙人掌科最为繁多，形态也更加特殊，园艺上常把其单列为仙人掌类，而其他科的仍称为多肉植物。

2. 多肉植物如何分类？

答：大多数多肉植物的生长发育都受到温度和光照时间的影响。根据多肉植物习性的不同，分为以下三类。

（1）夏型种多肉植物：夏型种多肉植物的生长期主要在温暖的夏季，最佳生长温度为20～30℃。夏型种多肉植物多喜强光。由于不耐寒，冬季寒冷时进入休眠状态。如：红彩阁。

（2）中间型多肉植物：中间型多肉植物春、秋季生长旺盛，最佳生长温度为10～25℃。中间型多肉植物多喜强光。夏季由于过于炎热而生长缓慢，冬季由于寒冷进入休眠状态。如：虹之玉。

（3）冬型种多肉植物：冬型种多肉植物的生长期主要在冬季，最佳生长温度为5～20℃。夏季高温时，会进入休眠期。春、秋季生长缓慢。虽然生长季在冬季，但不意味着冬型种多肉植物特别耐寒；若冬季温度（过高或过低）不能满足其生长的要求，冬型种多肉植物也会进入休眠状态。如：生石花。

3. 什么是软质叶？

答：软质叶指的是多肉植物中，叶片柔嫩多汁，容易被折断、被病虫侵袭的叶片。拥有这种叶片的多肉植物被称为软枝叶系，如：玉露。

4. 什么是硬质叶？

答：硬质叶指的是多肉植物种中，叶片肥厚，坚韧有硬度叶片。拥有这种叶片的植物被称为硬质叶系，如：琉璃殿、条纹十二卷。

5. 什么是叶齿？

答：叶齿指的是多肉植物中叶片肥厚且叶片边缘的肉质刺状物。典型多肉植物，如：不夜城。

6. 什么是叶刺？

答：由于受到环境影响，多肉植物的叶片一部分或全部转变成针刺状。典型多肉植物，如：仙人掌。

7. 什么是窗？

答：一些多肉植物，叶片顶端有透明或半透明的部分，称之为"窗"。窗面的变化也是品种的分类依据。典型多肉植物，如：玉露。

8. 什么是叶痕？

答：叶脱落后，在茎枝上所留下的叶柄断痕。叶痕的排列顺序与大小可作为鉴别植物种类的依据。

9. 什么是气生根？

答：气生根是指地上茎部长出的根。如果原产于干旱地区的多肉植物长出了气生根，说明栽培环境湿度较高。需要加强通风，以防湿度过大导致茎叶腐烂。

10. 什么是攀缘茎？

答：依靠特殊结构攀缘他物而向上生长的茎。典型多肉植物。如：极乐鸟。

11. 什么是突变？

答：突变指的是植物的遗传组织发生突然改变，植株出现新的特征，且这种特征可以遗传于子代中。

12. 什么是缀化？

答：缀化也叫作"冠"。多肉植物缀化属于多肉植物变异的一种变化。多肉植物受到不明原因的外界刺激（浇水、日照、温度、药物、气候突变等），其顶端的生长锥异常分生、加倍，而形成许多小的生长点，而这些生长点横向发展连成一条线，最终长成扁平的扇形或鸡冠形带状体，然后进一步扭曲成波浪式的珊瑚状或脑状。

13. 什么是锦化？

答：多肉植物锦化是非常不确定的一种现象。锦化的表现是植物的部分或整体的颜色发生了变化，或变成红色，或变成黄色，或变成紫色等。

14. 什么是徒长？徒长会对多肉植物造成什么样的影响？

答：徒长是指多肉植物在缺少光照、浇水过多、施肥过多的情况下，叶片颜色变绿、枝条上叶片的间距拉长、枝条细长、生长速度加快的现象。

15. 什么是黄化？

答：黄化是指植物由于缺乏光照，造成叶片退色变黄的过度生长的现象。

16. 什么是晾根？

答：晾根是指因土壤过湿、根部病害等原因，导致多肉植物根部出现问题时，可将植株从土壤中取出，把根部暴露于空气中晾干。这样有利于消灭病菌和恢复生机。

17. 什么是休眠？

答：植物处于自然生长停顿状态，还会出现落叶或地上部死亡的现象。常发生在冬季或夏季。

18. 什么是旱害？旱害会对多肉植物造成什么样的影响？

答：旱害是因土壤的含水量过少而引起的。缺水时间过长，多肉植物叶片就会变得软弱无力，失去生命力。

19. 什么是涝害？涝害会对多肉植物造成什么样的影响？

答：涝害是因浇水过多造成的。多肉植物无法将水分全部吸收而形成积水，最终会影响植株的正常生长。

20. 什么是热害？热害会对多肉植物造成什么样的影响？

答：热害一般是因气温过高引起的。若气温过高，会提高土壤的温度，多肉植物为了保护自身，会将全身的毛孔关起。毛孔不再吸收氧气，植株就会慢慢地缺氧而死。

21. 什么是冷害？冷害会对多肉植物造成什么样的影响？

答：冷害是因温度过低引起的。冷害会造成多肉植物的叶片表面出现斑点或者发生色变。

22. 什么是冻害？冻害会对多肉植物造成什么样的影响？

答：冻害也是因温度过低引起的。冻害会造成植株受害部位呈现水渍状病斑，变成褐色之后植株就会死亡。

二、常见多肉植物品种介绍

（一）巴

1. 巴有何形态特征？

答：巴，多年生植物。具短茎。叶片半圆形，顶端渐尖如桃形，交互对生，上下叠接呈"十"字排列，灰绿色，有光泽，全缘。春季开花，花白色。

2. 巴有何习性？

答：巴喜充足光照，喜干燥，喜冷凉，最适温度为15~25℃。不耐寒，越冬温度不可低于10℃。怕高温，高温时植株休眠。忌水湿。

（二）不夜城

1. 不夜城有何形态特征？

答：不夜城，多年生草本，原产地南非。茎粗壮。叶三角状披针形，新叶叶缘有白色齿。冬末至早春开花，小花橙红色。

2. 不夜城有何习性？

答：不夜城属于冬型种，喜温暖、干燥和阳光充足的环境，最适温度为15~25℃。耐干旱、耐半阴。不耐寒，越冬温度不可低于5℃。忌强光、忌水湿。

（三）串钱景天

1. 串钱景天有何形态特征？

答：串钱景天，多年生草本，植株丛生。肉质叶无叶柄，卵圆状三角形，浅绿色至灰绿色，叶缘稍具红色，幼叶上下叠生。4、5月份开花，花白色。

2. 串钱景天有何习性？

答：串钱景天喜干燥、喜充足阳光。耐干旱，忌水涝。忌闷热潮湿，5月以后，生长逐渐变慢至停止而进入休眠。

不耐寒，越冬温度不可低于10℃。忌过阴，光照不足会导致植株徒长，株形松散，叶距拉长，叶缘红色减退。

（四）大苍角殿

1. 大苍角殿有何形态特征？

答：大苍角殿，原产地南非。株高2～7cm，株幅20～20cm。蔓性的球根植物，具有绿色肥大的肉质鳞茎，会从鳞茎顶端簇生出细长的绿色枝条缠绕攀爬。茎叶颜色翠绿，枝上有细小绿色线状叶。其花很小，绿白色，并不显眼。

2. 大苍角殿有何习性？

答：大苍角殿能耐5℃低温，冬季落叶休眠。

（五）翡翠珠

1. 翡翠珠有何形态特征？

答：翡翠珠，多年生植物。茎极细，匍匐生长。肉质叶互生，绿色或深绿色。圆球形，前面具一小突尖，有1透明纵纹。头状花序，白色小花，带有紫晕。

2. 翡翠珠有何习性？

答：翡翠珠最适温度为15～28℃。耐寒，温度高于0℃即可越冬，但最好保持在5℃以上。不耐高温，温度高于30℃以上时，开始进入半休眠。耐旱，忌过湿，过湿易导致烂根。喜半阴，忌阳光直射。

（六）龟甲龙

1. 龟甲龙有何形态特征？

答：龟甲龙，原产地南非。茎干状多肉植物，株高 2 ~15cm，株幅 2 ~ 30cm。块根浅褐色，呈木质化形态，成株后表皮龟裂，宛如龟甲。雌、雄异株。

2. 龟甲龙有何习性？

答：龟甲龙能耐 5℃ 低温，夏季落叶休眠。

（七）黑法师

1. 黑法师有何形态特征？

答：黑法师，原产地摩洛哥。株高 5～60cm，株幅 3～20cm。茎圆筒形，分枝多，叶在枝端集成莲座叶盘，倒长卵形，黑紫色，叶缘细齿状。春季末开花，花黄色，开花后就会枯死，留下子株。若在开花前把花茎切断，则可继续生长。

2. 黑法师有何习性？

答：黑法师喜温暖、干燥和阳光充足的环境，最适温度为 20～25℃。耐干旱和半阴。不耐寒，怕高温，酷暑期间植株休眠。怕多湿，忌强光。

（八）黑王子

1. 黑王子有何形态特征？

答：黑王子，多年生草本，匙形叶排列成莲座状，叶先端急尖，表皮紫黑色。夏季开花，聚伞花序，花小，紫色。

2. 黑王子有何习性？

答：黑王子喜温暖、干燥和阳光充足环境，最适温度为18～25℃。不耐寒，越冬温度不可低于5℃。高温时有短暂的休眠期。耐半阴和干旱。忌水湿。

（九）红提灯

1. 红提灯有何形态特征？

答：红提灯，多年生草本。多分枝，新生枝常柔软下垂。叶对生，绿色，卵圆匙形或倒卵形。春季开花，圆锥花序，花鲜红色，顶端黄色。

2. 红提灯有何习性？

答：红提灯喜充足阳光，喜干燥，最适温度为18~28℃。耐干旱、耐半阴。不耐寒，温度低于8℃时叶色发红，花期推迟。但控制浇水，可耐3℃低温。怕酷暑，温度高于30℃时进入半休眠状态。怕水湿。

（十）虹之玉

1. 虹之玉有何形态特征？

答：虹之玉，多年生草本，原产墨西哥。多分枝，叶互生，倒长卵圆形，先端浑圆，叶片中绿色，顶端淡红褐色。冬季开花，花淡黄红色。

2. 虹之玉有何习性？

答：虹之玉喜温暖和阳光充足的环境，最适温度为13～18℃。耐干旱，怕水湿。不耐寒，越冬温度不可低于5℃。高温时需遮光，但忌过阴。

（十一）虎尾兰

1. 虎尾兰有何形态特征？

答：虎尾兰，多年生草本。根状茎匍匐状。叶丛生，线状披针形，暗绿色，有浅灰绿色的横纹。夏秋开花，小花白色淡绿色，有香味。

2. 虎尾兰有何习性？

答：虎尾兰属于夏型种，耐旱、耐阴性强。

（十二）花丽

1. 花丽有何形态特征？

答：花丽，群生、小型多肉植物，原产地墨西哥。株高3～5cm，株幅3～7cm，叶肉质，呈莲座状排列，叶端尖锐，粉绿色，叶缘呈粉红色。当花穗达到30cm左右，会开出黄色的花朵。

2. 花丽有何习性？

答：花丽越冬温度不可低于5℃。

（十三）欢乐豆

1. 欢乐豆有何形态特征？

答：欢乐豆，多年生常绿草本。叶片长刀形，对生或轮生，具短柄，两边微微上翻，使叶中间形成浅沟，背面龙骨状。春末夏初开花，花绿色。

2. 欢乐豆有何习性？

答：欢乐豆喜阳，喜干燥，喜凉爽，最适温度为18～28℃。耐干旱。不耐寒，越冬温度不可低于5℃。温度超过35℃时进入休眠状态。忌水湿。

（十四）回欢草

1. 回欢草有何形态特征？

答：回欢草，多年生植物，茎匍匐状。叶片肉质，倒卵圆形，叶尖外弯，叶腋间具蜘蛛网状白丝毛。夏季开花，花淡粉红色。

2. 回欢草有何习性？

答：回欢草喜阳，喜干燥，喜凉爽，最适温度为18～25℃。耐干旱，耐半阴。不耐寒，越冬温度不可低于7℃。忌水湿。

（十五）火祭

1. 火祭有何形态特征？

答：火祭，多年生草本，原产地非洲。株高5～10cm，株幅3～8cm，植株丛生。叶卵圆形至线状披针形，交互对生，排列紧密，灰绿色，光照充足时呈红色。秋季开花，小花黄白色。

2. 火祭有何习性？

答：火祭属于夏型种，喜温暖、干燥和半阴环境，最适温度为18～24℃。耐干旱，怕积水，忌强光。

（十六）吉娃莲

1. 吉娃莲有何形态特征？

答：吉娃莲，原产地墨西哥，多年生草本。莲座叶盘蓝绿色，被浓厚白粉，叶缘和叶尖玫瑰红色。

2. 吉娃莲有何习性？

答：吉娃莲喜温暖、干燥和阳光充足环境，最适温度为18～25℃。耐干旱和半阴。不耐寒，越冬温度不可低于5℃。忌水湿。

（十七）截形十二卷

1. 截形十二卷有何形态特征？

答：截形十二卷，多年生小型植物，叶排列成2列，直立稍向内弯，顶部截形，稍凹陷，截面部分似玻璃状透明。夏秋季开花，花白色。

2. 截形十二卷有何习性？

答：截形十二卷喜柔和充足的阳光，喜凉爽。耐干旱，耐半阴。不耐寒，越冬温度不可低于10℃。忌高温，高温时植株半休眠。

（十八）九层塔

1. 九层塔有何形态特征？

答：九层塔，多年生植物。叶螺旋状排列，先端急尖，向内侧弯曲，叶背有大而明显的白色疣点，呈纵向排列。春季开花，花淡粉白色。

2. 九层塔有何习性？

答：九层塔属于中间型。喜充足、柔和的阳光，耐半阴，应给予充足阳光。不耐高温，高温时植株半休眠，夏天应遮阳和加强通风。不耐寒，越冬温度不可低于10℃。

（十九）卷绢

1. 卷绢有何形态特征？

答：卷绢，原产地欧洲，群生多肉植物。叶盘小，叶倒卵形，绿色，叶尖有白毛，相互缠绕，如蛛丝一般。

2. 卷绢有何习性？

答：卷绢喜干燥和阳光充足环境，最适温度为18～22℃。不耐严寒，越冬温度不可低于5℃。耐干旱和半阴，忌水湿。

（二十）卡拉菲厚敦菊

1. 卡拉菲厚敦菊有何形态特征？

答：卡拉菲厚敦菊，茎干状多肉植物，原产地南非。株高5～15cm，株幅3～10cm，根棒状肉质叶。易开花，花为黄色。

2. 卡拉菲厚敦菊有何习性？

答：卡拉菲厚敦菊越冬温度不可低于5℃。

（二十一）快刀乱麻

1. 快刀乱麻有何形态特征？

答：快刀乱麻，原产地南非。分枝多，叶集中在分枝顶端，对生，细长而侧扁，先端2裂，淡绿至深灰绿色。夏季开花，花单生，金黄色。

2. 快刀乱麻有何习性？

答：快刀乱麻喜温暖、干燥和阳光充足环境，最适温度为18～24℃。耐干旱和半阴。忌高温，高温时植株休眠。不耐寒，越冬温度最好保持10℃以上。忌多湿。

（二十二）丽杯阁

1. 丽杯阁有何形态特征？

答：丽杯阁，原产地南非。株高6～40cm，株幅2～30cm，茎上有无数圆锥状疣突，疣突顶端有刺，但并不扎手。丽杯阁很难开花，但在夏季高温时，会开出粉色杯状的花。

2. 丽杯阁有何习性？

答：丽杯阁怕寒，越冬温度最好保持8℃以上。

（二十三）莲花掌

1. 莲花掌有何形态特征？

答：莲花掌，多年生亚灌状植物。茎直立，多分枝。叶片青绿色，倒长披针形，边缘红色，紧密着生于枝顶，呈莲座状。2～3月份开花，花黄色。

2. 莲花掌有何习性？

答：莲花掌最适温度为20～25℃，高温时植株半休眠；不耐寒，越冬温度最好保持在6℃以上。喜明亮光照；光线差时植株徒长、株形不紧凑、叶色不美，且容易落叶；忌烈日暴晒。喜干燥，耐干旱，忌水湿。

（二十四）琉璃殿

1. 琉璃殿有何形态特征？

答：琉璃殿，原产地南非，多年生小型植物。叶盒莲座状，呈顺时针螺旋状排列。叶卵圆状三角形，正面凹，背面圆凸，深绿色或灰绿色，密布凸起横条。夏季开花，花白色。

2. 琉璃殿有何习性？

答：琉璃殿喜温暖、干燥和明亮光照环境，最适温度为18～24℃。较耐寒，安全越冬温度为5℃。耐干旱和半阴。不耐水湿和强光暴晒。

（二十五）露草

1. 露草有何形态特征？

答：露草，多年生常绿草本。茎蔓生。叶对生，鲜绿色，心形或卵形，全缘。夏、秋季节开花，花深粉红色或紫红色。

2. 露草有何习性？

答：露草，喜光，喜干燥，最适温度为15～25℃。耐干旱、耐半阴。不耐湿。忌暴晒。不耐寒，越冬温度不可低于5℃。忌高温。

（二十六）茜之塔

1. 茜之塔有何形态特征？

答：茜之塔，多年生小型草本。叶长三角形，对生，密集整齐排列成4列，堆砌成塔状，浓绿色，阳光充足时呈红褐色或褐色，秋季开花，花小，白色。

2. 茜之塔有何习性？

答：茜之塔喜阳，喜干燥，最适温度为18～24℃。耐半阴；忌过阴，否则会影响株形、叶色和光泽。耐干旱，忌水湿。不耐寒，越冬温度最好保持在8℃以上。忌高温闷热，高温时植株休眠或半休眠。

（二十七）青锁龙

1. 青锁龙有何形态特征？

答：青锁龙，常绿亚灌木。茎干细，易分枝，茎枝垂直向上，仅顶端稍弯曲。叶鳞片状三角形，在茎上紧密排列成棱状，深绿色。冬季开花，花小、微黄绿色。

2. 青锁龙有何习性？

答：青锁龙喜光，喜干燥，最适温度为16～28℃。耐半阴；光照不足时，节间拉长，株形散乱，耐干旱。不耐高温，高温时植株半休眠；不耐寒，越冬温度不可低于5℃。

（二十八）若歌诗

1. 若歌诗有何形态特征？

答：若歌诗，多年生草本。植株丛生，茎细株状。叶对生，匙形，叶面平展或稍内凹，叶背圆凸，叶面弥布白色革毛。秋季开花，花淡绿色。

2. 若歌诗有何习性？

答：若歌诗喜充足阳光，喜干燥，喜冷凉，最适温度为15～25℃。耐半阴。怕低温和霜雪，越冬温度不可低于5℃。忌水涝。

（二十九）神刀

1. 神刀有何形态特征？

答：多年生灌木状草本，全株灰绿色。茎直立。单叶互生，镰刀状被白粉，7～8月份开花，伞房状聚伞花序顶生，花橙红色。

2. 神刀有何习性？

答：神刀喜充足的阳光、干燥的土壤环境。耐半阴，阳光过烈会使叶片变成土黄色。耐干旱，怕水湿。不耐寒，越冬温度不可低于5℃。

（三十）生石花

1. 生石花有何形态特征？

答：生石花，原产地南非，在当地是一种拟态植物，和当地的石头极为相似。群生，株高1～3cm，株幅1～5cm，球形的肉叶表面有各种各样的花纹，形态色彩各异。生石花会从对生叶的中间缝隙开出黄、白、粉等颜色的美丽花朵。

2. 生石花有何习性？

答：生石花能耐0～5℃的低温。

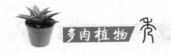
（三十一）石莲花

1. 石莲花有何形态特征？

答：石莲花，多年生草本。具短茎。叶莲座状着生于短茎上，倒卵状匙形，上部圆形，先端有小尖，微向内弯曲，浅绿色或蓝绿色，被有白粉。春季开花，花淡红色，先端黄色。

2. 石莲花有何习性？

答：石莲花喜充足阳光，喜干燥，喜冷凉，最适温度为18～25℃。耐干旱、耐半阴。不耐寒。怕水湿。

（三十二）寿

1. 寿有何形态特征？

答：寿，多年生草本，植株矮小，叶片排列成轮状，顶端反卷呈三角形，叶端急尖，截面较平，脉纹明显，深绿色，稍透明。

2. 寿有何习性？

答：寿喜半阴，喜干燥，最适温度为21～25℃。耐干旱。不耐寒，越冬温度不可低于10℃。忌酷热，高温时半休眠。

（三十三）双刺瓶干

1. 双刺瓶干有何形态特征？

　　答：双刺瓶干，原产地马达加斯加。茎干状多肉植物，株高5～60cm，株幅1～30cm。棕褐色硕大的块状茎上分生出很多细枝，枝条上有并生刺。春末夏初，枝条顶端会开出粉色的钟状小花。

　　2. 双刺瓶干有何习性？

　　答：双刺瓶干可耐8℃低温。

（三十四）索科特拉岛肉珊瑚

1. 索科特拉岛肉珊瑚有何形态特征？

答：索科特拉岛肉珊瑚，原产地也门索科特拉岛。半蔓性植物，株高5～20cm，株幅5～10cm。无叶，枝条上有凸起的小疙瘩。枝条长到一定高度时容易下垂，接触到地面的部分，会生根。

2. 索科特拉岛肉珊瑚有何习性？

答：索科特拉岛肉珊瑚可耐5℃低温。

（三十五）唐印

1. 唐印有何形态特征？

答：唐印，原产地南非，多年生植物。全株具白霜。茎粗壮。叶片对生，广卵形至披针形，浅绿色，边缘红色。春节开花，花黄色，花后植株萎缩。

2. 唐印有何习性？

答：唐印喜温暖、干燥和阳光充足环境，最适温度为15～20℃。耐半阴，耐干旱。不耐寒，越冬温度不可低于10℃。不耐水湿。

（三十六）特玉莲

1. 特玉莲有何形态特征？

答：特玉莲，多年生草本，原产地南非。叶片莲座状排列，匙形，正面稍突起，叶缘向下反卷，先端内弯、具小尖，蓝绿色至灰白色，被有浓厚的白粉。春末夏至开花，总状花序，花黄色。

2. 特玉莲有何习性？

答：特玉莲属于夏型种，喜温暖、干燥和阳光充足的环境，最适温度为18～25℃。耐干旱和半阴。不耐烈日暴晒。不耐寒，越冬温度不可低于5℃。忌涝渍。

（三十七）条纹十二卷

1. 条纹十二卷有何形态特征？

答：条纹十二卷，多年生植物，原产地南非，是硬叶系十二卷属多肉植物的代表。叶片均匀地排列成莲座状，三角状披针形，叶绿色，叶背龙骨状，具有白色疣状突起，并排列成横条状。夏季开花，花白色。

2. 条纹十二卷有何习性？

答：条纹十二卷属于中间型，喜温暖、干燥和明亮光照，最适温度为 10～22℃。耐半阴和干旱。不耐寒，越冬温度不可低于 5℃。高温时植株半休眠。怕水湿和强光。

（三十八）卧牛

1. 卧牛有何形态特征？

答：卧牛，多年生植物，原产地南非。株高2～3cm，株幅5～8cm。叶呈两列叠生，舌状，短而肥厚。叶缘角质化。叶面墨绿色，粗糙，被白色小疣。春末至夏季开花，花小，上红下绿。

2. 卧牛有何习性？

答：卧牛喜阳，喜干燥，耐半阴，耐干旱。不耐寒，越冬温度不可低于5℃，保持在5～10℃为宜；高温时，植株进入休眠。忌水湿。

（三十九）五十铃玉

1. 五十铃玉有何形态特征？

答：五十铃玉，原产于纳米比亚。植株密生成丛。叶直立对生，灰绿色，根棒状，顶端透明。夏末至秋季开花，花雏菊状，金黄色。

2. 五十铃玉有何习性？

答：五十铃玉属于中间型，喜温暖、干燥和阳光充足环境，最适温度为18～24℃。耐干旱。不耐寒，越冬温度需保持12℃。高于30℃时植株休眠。不耐水湿，浇水多时易烂叶。高温高湿易引起烂心而死亡。忌强光。

（四十）星美人

1. 星美人有何形态特征？

答：星美人，多年生草本，原产墨西哥。群生，具短茎。叶片倒卵球形，先端钝圆，淡绿色，被白霜。初夏开花，花橙红色或淡绿黄色。

2. 星美人有何习性？

答：星美人喜温暖、干燥和阳光充足环境，最适温度为18～25℃。很耐寒，短期降到0℃也不会受冻，但越冬温度最好保持在5℃以上。高温时植株休眠或半休眠。喜干燥，耐干旱，不耐湿。

（四十一）熊童子

1. 熊童子有何形态特征？

答：熊童子，多年生小型植物，原产地南非。多分枝，叶片对生，倒卵状球形，顶部叶缘具缺刻，灰绿色，表面密生白色短革毛。夏末至秋季开花，花下垂，红色。

2. 熊童子有何习性？

答：熊童子喜温暖、干燥和阳光充足环境，最适温度为18～22℃。不耐寒，越冬温度不可低于10℃。忌酷热，温度超过30℃，植株生长停滞。耐干旱，忌水湿。

（四十二）雪莲

1. 雪莲有何形态特征？

答：雪莲，多年生草本。叶呈莲座状排列，圆匙形，顶端圆钝或稍尖，褐绿色，被浓厚的灰白色或淡蓝灰色粉末。春节开花，花橘红色。

2. 雪莲有何习性？

答：雪莲喜充足阳光，喜干燥。耐干旱。不耐寒，越冬温度如能维持夜温 10℃左右，并有一定的昼夜温差，植株可继续生长。忌酷暑和闷热潮湿，高温时植株半休眠或休眠。不耐水湿。

（四十三）雅乐之舞

1. 雅乐之舞有何形态特征？

答：雅乐之舞，是银杏木的锦斑变异品种，原产地南非。株高 3～10cm、株幅 2～10cm，茎干粗壮，叶子外黄内绿，低温期叶子边缘变成红色，与黄色的锦斑相互映衬，格外美丽。

2. 雅乐之舞有何习性？

答：雅乐之舞喜温暖和明亮光照，最适温度为 21～24℃。耐干旱，不耐寒，冬季温度不低于 10℃。

（四十四）玉露

1. 玉露有何形态特征？

答：玉露，群生多肉植物，原产地南非，是软叶系十二卷属多肉植物的代表。株高2～5cm，株幅2～8cm，叶莲座状排列，亮绿色，先端肥大呈圆头状，透明或半透明状，有绿色脉纹，顶端有细小的"须"。春、秋季开花。

2. 玉露有何习性？

答：玉露属中间型，喜温暖、干燥和明亮光照的环境，最适温度为18～22℃。耐干旱。不耐寒，越冬温度不可低于5℃。怕高温，高温时生长缓慢或停滞。怕强光，不耐水湿。

（四十五）月兔耳

1. 月兔耳有何形态特征？

答：月兔耳，多年生草本，原产地马达加斯加。株高 7～15 cm，株幅 3～10 cm，茎直立，叶对生，匙形，叶子上长满浓密的白色茸毛，上端有锯齿，缺刻处深褐色或棕色斑。夏季开花，小花微黄色至微褐色。

2. 月兔耳有何习性？

答：月兔耳喜温暖、干燥和阳光充足的环境，最适温度为 18～22℃。耐干旱。不耐寒，越冬温度不可低于 5℃。夏季需凉爽。怕水湿和强光暴晒。

（四十六）照波

1. 照波有何形态特征？

答：照波，多年生植物，原产地南非。群生，叶片细三棱形，叶正面平，背面有龙骨状突起，深绿色。夏季下午开花，花单生，黄色，外瓣略带红。

2. 照波有何习性？

答：照波属于夏型种，喜温暖、干燥和阳光充足环境，最适温度为 18～24℃。不耐寒，盆土干燥时能耐 0℃ 低温，但越冬温度最好保持在 5℃。耐干旱和半阴，忌水湿和强光。

（四十七）子持莲华

1. 子持莲华有何形态特征？

答：子持莲华，群生多肉植物，原产地日本。株高 1cm，株幅 1～2cm，多分枝，茎纤细。叶片莲座状，圆形或卵圆形，灰蓝绿色，被白粉，叶腋具走茎，并在顶端生有子株。春天，当柱状的花穗长到 10cm 左右时，便会开花。

2. 子持莲华有何习性？

答：子持莲华喜阳，喜干燥，喜温暖，最适温度为 20～25℃。耐寒性、耐热性强，耐半阴和干旱。怕烈日暴晒，但过于荫蔽时株形松散，茎间拔长。忌水湿。

（四十八）紫章

1. 紫章有何形态特征？

答：紫章，多年生植物。茎枝绿色，有时带紫晕。叶片倒卵形，青绿色，稍有白粉，叶缘和叶片基部紫色。头状花序，花黄色或朱红色。

2. 紫章有何习性？

答：紫章，喜光，喜干燥，最适温度为 15～25℃。耐半阴，耐干旱。不耐寒，越冬温度不可低于5℃。不耐水湿。忌强光直射。

三、养护多肉植物的前期准备

（一）购买

1. 去哪些地方可以买到多肉植物？

答：花市、花店、超市、网店、论坛等地方都可以买到多肉植物。

2. 最好是去什么地方购买多肉植物？

答:（1）如果是去花市、花店、超市等实体店购买多肉植物，优点就是更易购买到健康、优质的多肉植物，并且可以识别多肉植物的品种。缺点就是容易将病虫带回家。

（2）如果是在网上购买多肉植物，优点就是购买方便，足不出户即可购买到多肉植物，并且品种齐全、价格合理。缺点就是无法直接看到多肉，不易判断植株情况；快递过程中，植株易受伤；若买卖双方所处地域不同，多肉需要较长时间恢复，并且适应新环境。

（二）必备材料

1. 养多肉植物常用的土壤都有哪些？

答：（1）肥沃园土：是指经过改良、施肥和精耕细作的菜园、花园中的肥沃土壤。肥沃园土是经过打碎、过筛的无虫卵的微酸性土壤。

（2）培养土：将一层青草、枯叶、打碎的树枝与一层普通园土堆积起来，浇入腐熟肥料，使其发酵腐熟后，再打碎过筛，得到的土壤即是培养土。

（3）泥炭土：古代湖沼地带的植物被埋藏在地下，在海水和缺少空气的条件下，分解为不完全的特殊有机物。因此，泥炭

土有机质丰富，较难分解。

（4）腐叶土：腐叶土是由枯枝落叶和腐烂根组成的。腐叶土土质疏松，偏酸性，具有丰富的腐殖质和良好的物理性能，有利于保肥和排水。

（5）蛭石：是硅酸盐材料在800～1100℃下加热形成的云母状物质。蛭石孔隙度大、通气性好、持水能力强。但蛭石长期使用容易致密，影响通气和排水效果。

（6）粗沙：主要是指直径2～3mm的沙粒。粗沙呈中性，具有通气和透水作用，但不含任何营养物质。

（7）苔藓：是一种又粗又长、耐拉力强的植物性材料。苔藓具有疏松、透气和保湿性强等优点。

（8）珍珠岩：珍珠岩是一种火山喷发时产生的酸性熔岩，经急剧冷却形成的玻璃质岩石。珍珠岩的吸水量非常大，透水性和透气性都比较好。

（9）火山岩：火山喷发出来的岩浆因为周围环境温度和压力的迅速下降，发生了化学和物理变化，形成了火山岩。火山岩坚硬、透气性强，不易变形和变质，还含有大量的钾、铁、镁、钠、硅等29种元素，能够为多肉植物的生长提供一定的养分。但与其他颗粒物质相比，火山岩成本较高，市面上较少见。

（10）赤玉土：赤玉土由火山灰堆积而成，一般呈现暗红色，pH偏酸性，没有有害细菌，颗粒表面有很多空隙，排

水性和透气性非常好。但赤玉土价格稍贵，一般与泥炭土混合使用。也可以将赤玉土铺在土壤的表面用以判断土壤的干湿，多肉植物是否缺水。如果土壤湿润，赤玉土可以吸收多余的水分防止积水；如果土壤干燥，赤玉土又可以挥发自身的水分。

2. 养多肉植物必需的肥料都有哪些？

答：养多肉植物必需的肥料大致分为氮、磷、钾三大类。氮肥可以促进植物枝叶生长，磷肥可以促进植物开花，钾肥可以促进植物根茎健壮。

3. 可以用哪些容器养多肉植物？

答：（1）陶盆：陶盆使用黏土烧制而成，质地比较疏松，透气、透水性比一般容器要好，且盆器有重量，植株不易倾倒；但是盆器重，搬运不便，易破损。

（2）瓦盆：瓦盆用黏土烧制，质地粗糙，比较原生态，但透气、排水性比较好。

　　（3）瓷盆：瓷盆一般采用高岭土制成，制作精细，外层一般涂油彩釉，色彩丰富，装饰性强。瓷盆质地细腻，排水性差，易受损，一般用作套盆使用。

　　（4）紫砂盆：紫砂盆外形美观；但透气、透水性差，易损坏，且价格昂贵。

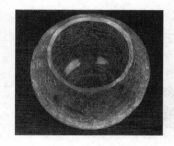

　　（5）玻璃盆：玻璃盆造型别致，规格多样；易破损。

　　（6）木盆：木盆较具田园风情；易腐烂损坏，使用寿命短。

多肉植物秀

(7) 塑料盆：塑料盆造型多样、颜色各异，质地轻，价格便宜；但透气、透水性差。

此外，铁、藤柳套盆等都是近年来非常时尚的多肉植物栽培容器，可以塑造出不同的风格。

4. 养多肉植物都需要哪些常用工具？

答：(1) 小铲子：可用于搅拌栽培土壤，或换盆时铲土、脱盆、加土等。

(2) 剪刀：修剪整形，一般在修根和扦插时使用。

(3) 镊子：清除枯叶或虫卵，也可在扦插时使用。

(4)刷子：用来刷去植株上的灰尘、土粒、脏物以及清除虫卵。

(5)浇水壶：推荐使用挤压式弯嘴喷水壶，可控制水量。

(6)小型喷雾器：空气干燥时，用小型喷雾器向叶面和盆器周围喷雾。还可用来喷肥和喷药。

(7)竹签：可用来测试盆土湿度。

四、多肉植物的养护

1. 刚买回家的多肉植物应该怎样养护？

答：（1）将刚买回家的多肉植物摆放在阳光充足且有纱帘的地方。忌光线不足或阳光过强。

（2）不要立即给刚买回来的多肉植物浇水，等多肉植物恢复后，再正常浇水。

2. 适应环境后的多肉植物应该怎样养护？

答：（1）尽量少搬动多肉植物，防止掉叶或根系受损。

（2）冬季需将多肉植物放在温暖、光线充足处越冬。

（3）夏季防止多肉植物被雨淋。雨水过多易导致多肉植物徒长或腐烂。

（4）浇水不需多。夏季高温干燥时，部分多肉植物处于半休眠或休眠状态不宜多浇水。可向植株周围喷雾降温，切忌向叶面喷水。

（5）注意水、肥、泥土等不要沾污叶片。

3. 怎样清理多肉植物的根？

答：清理根，是对老根、烂根的修剪以及对过密的根系的疏剪整理的过程。清理前要准备好小铲子、镊子、剪刀、小刷子、平浅小盘、棉球、多菌灵溶液。

清理多肉植物的根需要进行以下几个步骤的操作：

（1）轻轻敲打花盆，将镊子（或小铲子）从花盆边插入，再自下而上地将植株推出。

（2）用手轻轻地将根部所有土壤去除，用剪刀剪去所有老根、枯叶。

（3）检查根系和叶子背面，若有虫子，可用小刷子（或镊子）将虫子扫除。

（4）按 1:1000 的比例稀释多菌灵溶液，之后用稀释过的多菌灵溶液浸泡植株，最后用棉球擦拭干净。

（5）晾晒植株。最好摆放在通风良好、干燥的地方，避免阳光直射。

4. 为何要给多肉植物换盆？

答：栽培多肉植物一段时间后，花盆中的养分趋向耗尽，土壤也会变得板结，透气、透水性变差，而多肉植物的根系又充塞在盆内，所以需要改善多肉植物根部的栽培环境，为多肉植物换盆。

5. 换盆前需要做哪些准备工作？

答：一般选在每年4～5月份，气温达到15℃左右时，进行换盆。换盆后的多肉植物比较脆弱，这个时候的光照、温度都比较适合，多肉植物可以较好地恢复。

大多数多肉植物宜用浅盆。新手宜选用底部有小孔的陶盆。换盆前，要准备好土壤，并对土壤进行高温消毒、晾干、喷水，调节好土壤的湿润度。

6. 怎样给多肉植物换盆？

答：（1）换盆时，切忌用蛮力将多肉植物取出，否则很容易损伤根系。可以用橡皮锤子敲击盆壁，等盆土有所松动后，再将多肉植物取出。有的多肉植物球体密布坚硬的刺，换盆时要戴上厚质的手套，避免被刺扎伤。

（2）在选好的盆中放入土，选择合适的位置摆放多肉植物。

（3）一边加土，一边轻提多肉植物。最终将土加至离盆口 2cm 处为止。

（4）在加好的土上，铺上一层白色或彩色的小石子，既可降低土温，又能支撑植株，还可以提高观赏效果。

（5）用刷子清理干净植株表面和盆边的泥土后，放半阴处养护 1～2 周。在此过程中，不要浇水，平时在植株周围喷雾即可。

7. 光照对多肉植物有何影响？

答：大多数多肉植物在生长发育阶段均需充足的阳光，属于喜光植物。充足的阳光使茎干粗壮直立，叶片肥厚饱满有光泽，花朵鲜艳诱人。经过充足的日光照射后，多肉植物的颜色也会艳丽不少，特别是景天科的植物，最能表现颜色的变化。如果光照不足，植株往往生长畸形，茎干柔软下垂，刺毛变短、变细，叶色暗淡，缺乏光泽，还会影响花芽分化和开花，甚至出现落蕾落花现象。

8. 应该怎样给多肉植物"晒太阳"？

答：给多肉植物充足的阳光不是说要暴晒在太阳下，而是要将多肉植物放置在能晒到太阳的窗台边，每天接受至少 2 h 柔和的光照，这样晒出来的多肉植物会是健康且是丰富多彩的。

夏季的光照非常强烈，直射的阳光容易把多肉植物晒伤。特别是对光照需求较少的品种，若长时间在强光下暴晒，植

株表皮易变红变褐，显得没有生气。因此，在夏季高温季节时，需要适当遮阳，以避开高温和光照。遮阳时，可选择防晒网。或把多肉植物放在窗帘旁边，太阳太大的时候将窗帘放下即可。此外，为了尽快恢复生长，也要给刚萌芽的植株和换盆不久的植株遮阳。

9. 温度对多肉植物有何影响？

答：温度是影响多肉植物生长发育的重要因子。每一种植物的生长发育对温度都有一定的要求，最低温度和最高温度是极限。大多数多肉植物生长最适温度是在 12～28℃。

每年的夏季和冬季是多肉植物生长最困难的时期。夏季气温高，当气温达到35℃以上时，很多多肉植物就会停止生长，进入休眠状态。即使是"夏型种"的多肉植物也不再吸收水分和营养，进入休眠状态。

冬季气温低于5℃时，多肉植物也会进入休眠状态，积累养分等待翌年春季重新焕发生机。如果气温低于0℃，植株内部开始结冰，即使当时不会死去，等到冰冻融化，植株也会立刻死亡。

10. 温差对多肉植物有何影响？

答：温差之所以能够影响多肉植物的生长，是因为大的温差可以改变多肉植物的养分积累和消耗的过程。白天有阳光的时候，多肉植物内部通过光合作用开始制造养分，并把养分积累起来。在多肉植物能够接受的温度范围内，温度越高，光合作用越强，自身制造的养分也就越多。晚上没有阳光的时候，虽然制造养分的光合作用停止了，但多肉植物的生长也在继续。多肉植物就会开始消耗白天积累的养分。而夜晚温度越高，消耗的养分也会越多；消耗的养分过多，积累的养分会越来越少。多肉植物身体内部缺少养分的积累，就会越长越难看，越长越没有艳丽的颜色。因此，正常情况下的昼夜温差大，可以促进多肉植物的生长和养分的积累。

11. 怎样为多肉植物保温？

答：保温的方法有很多。可以使用整理箱来保温，或是在阳台上搭建一个简易的花棚。如果整理箱面积太小，多肉植物数量较多，整理箱的作用就是杯水车薪了。

如果家里有花架，可以用塑料薄膜包起来，如果想要更好的效果，可以多包几层。因为塑料薄膜白天可以吸收太阳的光能和热能，提高花棚内的温度，而晚上花棚内的温度也会略高于棚外的温度。塑料薄膜的这种特性可以增加温差，促使多肉植物生长。所以即使是寒冷的冬季，使用塑料薄膜保温，也可以使多肉植物安全越冬。

12. 怎样为多肉植物降温？

答：夏季气温高，需要降温，以便提供给多肉植物一个更好的生长环境。降温的方法很简单，可以利用喷雾向空气中喷水，水蒸发的时候会吸收周围的热量间接降温，也可以通过开窗通风的方式来降温。另外，夏季有很多品种的多肉

植物会选择休眠，为下一个生长季节积聚能量和动力。

13. 水分对多肉植物有何影响？

答：大多数多肉植物生长在干旱地区，不适合潮湿的环境。但是，太过干燥的环境对多肉植物的生长发育也极为不利。多肉植物在缺水时会消耗自身的水分来维持基本的生长需要。时间稍长，多肉植物肥厚的叶片就会慢慢干瘪，出现姜缩、变软的情况。

14. 如何判断是否需要给多肉植物浇水？

答：可以用以下几种方法判断是否需要给多肉植物浇水。

（1）竹签判断法：要浇水的时候，将竹签从盆器边缘插入土壤中约2/3处，然后再拿出来查看，竹签上沾有泥土，说明土壤湿润的；反之，则是干燥的。

（2）观察法：看到表层土壤颜色发白或比较干燥时，扒开土壤看一看深层的土壤是否也是干的，如果是，就需要浇水了。

（3）敲盆法：轻轻敲击盆壁，如果发出空心的声音就是缺水。这个方法适合有经验的人使用。

15. 什么样的水适宜给多肉植物浇水？

答：给多肉植物浇水，水必须是清洁的，而且是略酸性的。雨水是浇灌多肉植物很好的选择。但大多数多肉植物都害怕直接雨淋，会让多肉植物的叶片上留下难看的痕迹，也会导致积水烂根。条件允许的话，可以收集雨水浇灌。

自来水中含有少量的氯元素以及一些杂质，并不适合直接浇灌多肉植物。可以将自来水摆放2～3d，取上层水再用来浇灌。

淘米水含有丰富的营养成分，但只有在腐熟发酵后才能用来浇灌。

16. 天气变化对浇水有何影响？

答：随着天气的变化，多肉植物对水量的要求也有所不同。温度高时，需要多浇水。温度低时，需要少浇水。阴雨天，土壤中水分蒸发少，一般不需要浇水。晴天、气候干燥时，在适量浇水的情况下，还可多用喷雾来增加空气湿度。

17. 植株大小对浇水有何影响？

答：已经养护一段时间的多肉植物，根系健壮，能很好地吸取所需水分，可以正常浇水。刚栽种的多肉植物，根系不够发达，对水分的吸收能力较弱，不宜多浇水。

18. 花盆种类对浇水有何影响？

答：由于花盆的特点不同，浇水量与浇水次数也会有所不同。

透气性好的盆（如：陶盆），浇水次数要频繁一些。透

气性一般的盆（如：塑料盆），浇水次数要减少一些。若盆底没有孔，浇水量一定不能多。

19. 怎样给多肉植物合理浇水？

答：要想合理浇水，先要了解多肉植物的特性和生长情况，知道什么时候是它的生长期，什么时候是它的休眠期。一般来说，生长旺盛时多浇水，生长缓慢时少浇水，休眠期不浇水。

春、秋季早、晚都可以浇水，夏季清晨浇水，冬季晴天午前浇水。浇水的水温不宜太高或太低，以接近室内温度为准。

花盆盆壁与盆土紧密结实的情况下，浇到盆底排水孔有水渗出为止，一次把水浇透。不能浇"半截水"（即上湿下干）。还可以采用"浸盆法"给多肉植物浇水。将种有多肉植物的盆浸入水中10min，盆土、湿润即可拿出。这样可以保证上下土壤干湿度有层次。

20. 怎样给多肉植物合理施肥？

答：从休眠期转向生长期，施肥对促进多肉植物的生长是有益的。大多数多肉植物施肥频度为每个月1次。植株处于休眠期时，则不要施肥。

五、多肉植物的繁殖

1. 何时适宜繁殖多肉植物？

答：多肉植物可分为3种：夏型种、冬型种和中间型种。夏型种的生长期是从春季至秋季，冬季低温时休眠。冬型种的生长期是从秋季至翌年春季，夏季高温时休眠。中间型种的生长期主要是在春、秋季。

由此可见，大部分多肉植物的生长季节是春、秋季。选此时期繁殖多肉植物，成活率高。而夏、冬季，由于温度过高或过低，部分多肉植物进入休眠期，生长停止，此时繁殖多肉植物，成活率极低。

2. 多肉植物的繁殖方法都有哪些？

答：多肉植物的繁殖方法有很多种，如扦插、分株、砍头、播种等。

3. 什么是叶插？

答：叶插是指将多肉植物的叶片一部分插于基质中，促

使叶片生根，从而生长成为新的植株的繁殖方式。叶插是多肉植物繁殖的最常见方式，比较适合叶片较厚的多肉植物。

4. 什么是根插？

答：根插也是扦插的一种方式，指以多肉植物的根段插于土壤，从而生根成为新植株的繁殖方式。根插的多肉植物更容易长出根系，从而长成健壮的植株。

5. 什么是分株？

答：分株是指将多肉植物母株旁生长出的幼株剥离母体，

分别栽种，使其成为新的植株的生长方式。

6. 什么是砍头？

答：砍头是指对多肉植物的顶端进行剪切，从而促使侧芽生长的一种繁殖方式。

7. 什么是播种？

答：播种是指通过播撒种子来栽培新植株的繁殖方式。

8. 怎样通过叶插法繁殖多肉植物？

答：（1）准备好必需的工具：沙床、剪刀、小铲子。

（2）选取多肉植物上健康的叶片，用手轻轻掰下叶片。也可以用剪刀剪下整片叶片，注意切口处要平滑、整齐。

（3）将叶片摆放在沙台上，叶片间相距2～3cm，摆放2～3d晾干。注意叶片切口不要有碰脏。

（4）待叶片晾干后移至半阴处养护。晾干过程中不要浇水，干燥时可向空气周围喷雾。

（5）2～3周后，叶插的多肉植物生根，或从叶基处长出不定芽。生根和长出不定芽的先后顺序，每种多肉植物会有所不同。随着不定芽的生长，需要增加日照时间，并适当浇水。

9. 怎样通过根插法繁殖多肉植物？

答：（1）准备好必需的工具：装有沙土的小花盆、剪刀。

（2）选取较成熟的、健壮的、无病虫害的肉质根剪下。注意剪口要平滑。

（3）将根上残留的土壤用纸巾清理干净。将有伤口的一面朝上放置，不要碰触沙土、水等物质，如果沾上，立即用纸巾擦拭干净。放通风处2~3d，等待伤口收敛。

（4）伤口收敛后，埋进盆里，上部稍露出1cm左右。根插过程中适量浇水，保持盆土湿润。发芽之前，切忌强光暴晒。

（5）20~30d，从根部顶端萌发出新芽。长出的新芽需要小心照顾，放在明亮光照下，严格控制浇水。

（6）1~2个月后，形成完整的小植株。

10. 怎样通过分株法繁殖多肉植物？

答：（1）准备好必需的工具：装有沙土的小花盆、刷子、铲子。

（2）通过分株法繁殖多肉植物一般选在春季，结合换盆进行。如果在秋季进行繁殖，要注意分株植物的安全过冬。

（3）选择健壮、饱满的幼株进行分株。选择合适的位置，将母株周围旁生的幼株小心掰开。若幼株带根少或无根，可先插于沙床，生根后再盆栽。

（4）摆正幼株的位置，一边用铲子加土，一边轻提幼株。土加至离盆口2cm处为止。

（5）用刷子清理盆边泥土，然后放半阴处养护，等待幼株恢复。

11. 怎样通过砍头法繁殖多肉植物？

答：（1）准备好必需的工具：装有沙土的小花盆、剪刀。

（2）选择需要砍头的健壮的多肉植物，叶片紧凑的多肉植物，可从其植株由下及上 1/3 处剪切。

（3）用锋利的剪刀选择恰当的位置迅速剪切，注意剪口平滑。

（4）将剪下的部分摆放在通风、干燥处，等待伤口收敛。有伤口的一面切忌碰触沙土、水，一旦沾上，需要立即用纸巾擦拭干净。

（5）伤口收敛后，将剪下的部分埋进另一盆中养护。在生根过程中，切忌强光直射。

（6）因为多头的多肉植物比单头的多肉植物更具观赏价值，为了快点养出多肉植物，会在多肉植物生长较大时，用剪刀对多肉植物进行砍头。

（7）20～30 d，母株茎干侧面长出新芽。长出新芽后，需要增加光照，适量浇水，保持盆土稍湿润即可。

12. 怎样保存多肉植物的种子？

答：如果种子不是采下即播，可贮藏到翌年春季播种。保存方法如下。

（1）洗净成熟的种子，将干净的种子放在通风处晾干。

（2）待干燥后，选择密封性好的容器存放种子。可以选择玻璃瓶、塑料瓶或铁盒等。不要装得过满，一定要给种子

留有充足的空间。注意一定要将盖子拧紧，否则易导致种子发霉。

（3）一个容器中只能装一个品种的种子，切忌将不同品种的种子混装。

（4）将装有种子的容器摆放在温度较低、凉爽、干燥处。若夏季室内温度过高，需将容器摆放在冰箱8～10℃的冷藏室，切勿将容器放入冷冻室。需注意防潮，种子一旦受潮就不会再播种成功。为了防止受潮，可在容器中放一袋干燥剂。

（5）在储存的过程中，选一个晴天中午检查、晾晒一次，可防潮、换气。

13. 怎样通过播种法繁殖多肉植物？

答：（1）准备好必需的工具：装有培养土的育苗盒、培养皿、纱布、浇水壶、竹签、喷壶。

（2）在培养皿内垫入2～3层滤纸或消毒纱布，注入适量凉开水。

（3）将种子均匀点播在内垫物上进行催芽，约需15d。

（4）播种发芽的适温一般在15～25℃，播种土壤以培养土为好，不要太湿也不能太干。播种时，用竹签将成熟种子播在育苗盒中。播种较软的种子、易发芽的种子，不需要经过催芽，可直接盆播。

（5）育苗盒需避开强光暴晒，并注意早晚喷雾，保持盆土湿润。可以在盒上加盖一个塑料盖，并戳几个小孔，这样能加快种子发芽的速度。

（6）静待一段时间后，长出新发芽的幼苗。不同品种的多肉植物发芽所需要的时间会有所不同。新发芽的幼苗根系浅，生长慢，需谨慎管理。幼苗生长过程中，用喷雾湿润土面时，注意水质必须干净清洁。

（7）待幼株长成后，可将其单株移入盆中栽培，更有利于植株生长。

六、多肉植物的合栽

1. 需要根据什么原则来合栽多肉植物？

　　答：（1）要有相同或相似的生态习性。多肉植物因各自的生活环境不同，形成了各自不同的生态习性。如果将习

性差异很大的不同种类合栽一起，严重的情况会造成植株生长不良，或者死亡。因此，合栽的多肉植物必须要有相同或相似的生态习性。

（2）要有合适的间距，且疏密有致。多肉植物的合栽，特别是生长较迅速的种类合栽时，既要考虑种植时的观赏效果，还必须留有适当的间距，以利于种植后植株的正常生长。注意不要留空太多，以免构图松散和不统一，影响观赏效果。合栽时，还要注意疏密有致，主体部分可适当密些，其余部分可适当稀些。注意不要间距统一，会显得呆板。

（3）要有形态上的变化。合栽时，应尽可能选择植株形状和叶片形状有差异的植物，以示形态的多样性。用相同或相似的多肉植物合栽会显得单调。

（4）要有丰富的色彩变化。合栽时，应尽可能地选择色彩有明显对比的植物种类，以取得色变多变亮丽的效果。如果选择的多肉植物色彩差异较小时，可能色彩有对比的饰物点缀其中。

（5）要注意构图上的均衡。合栽时，可将构图的重心置于合栽的中心部位，也可将构图的重心稍偏于合栽的一侧。但重心不宜过偏离中心，否则会产生不均衡的效果。

2. 怎样选择合栽的容器？

答：种植用的容器不宜过大过深；否则养护时，浇水容易过多，不利于植株的生长。容器的色彩不宜花哨，以免喧宾夺主。

3. 怎样选择合栽的基质？

答：用于合栽的基质，应选择含适量腐殖质、疏松透气和排水良好的中性沙质土壤。

4. 合栽时应怎样操作？

答：合栽多肉植物的种植，应先种植主体植物，然后根据构图的需要逐一种植配植植物。种植时应注意植株形态、色彩的变化，并保持适宜的间距。盆边可适当留下少许空间，但不宜过空。空处可盖上一层白色小石子，既可降低土温，又能支撑植株，提高欣赏价值。如果选择的是深色的小石子，则能够提高土壤温度。也可在空处种植一些叶片细小的植物，可以提高观赏性。如果选择种植一些枝叶垂挂的植物，则可使合栽更丰富。植物种植完毕，可在适当位置点缀饰物。饰物的造型应生动富有趣味，与多肉植物互相映衬。

七、新手问题

1. 种多肉植物的盆一定要有孔吗？

答：多肉植物生命力顽强，对容器的要求并不高，可选择的容器有很多。由于多肉植物本身需水量不高，在没有孔的容器中，水分既漏不出来又蒸发不多，极易影响植株生长。因此选择没有孔的容器栽植多肉植物，浇水量一定不能多。

2. 多肉植物是放在室内养好？还是放在室外养好？

答：大多数多肉植物喜干怕湿，在原产地生长于干旱少雨的露天。在中国，除少数种类在个别地区适合露天生长外，多数种类常被列为室内植物，以便控制其生长环境。但长期在室内也易导致多肉植物状态不佳。可以每隔一段时间将多肉植物放置室外照料几天。

3. 多肉植物能否不晒太阳？

答：多肉植物是一种喜光、畏强光的植物。将它放置在阴暗的环境下，也可以生长，但是会徒长，株形不好看。

4. 多肉植物为何会变色？

答：由于光照和温度的变化，会导致多肉植物变色。阳光充足时，多肉植物的叶色会变得鲜艳。长期见不到阳光，多肉植物就会叶色暗淡。此外，秋天温差较大时，部分多肉植物也会变色。

5. 多肉植物叶片上落了灰尘怎么办？

答：多肉植物表面落上灰尘、土粒、碎物等，会影响其观赏性，可用松软的毛笔或柔软的细刷，慢慢地来回轻刷。生有细毛或表面有白霜的品种，操作时要特别细心。

6. 多肉植物的叶片上有瘢痕怎么办？

答：主要的原因是浇水时有水滴停留在了多肉植物的叶片上。一旦留下瘢痕是无法恢复的，只能等待多肉植物自己更新换叶。

7. 多肉植物徒长怎么办？

答：一般多肉植物徒长是由于光线不足导致的，但这也不是全部原因。有些多肉植物因为土壤过湿，导致茎叶徒长；有些多肉植物因为施肥过多，导致茎叶徒长。应正确判断徒长原因，若是缺少光照导致的，则应将多肉植物挪放到阳光充足的地方摆放。若是盆土过湿导致的，则应减少浇水。若是施肥过多，则应暂停施肥。

8. 多肉植物掉叶子怎么办？

答：有的多肉植物由于叶柄比较小，且叶片较圆，容易一碰就掉叶。比如：虹之玉。不过无须过分担心，像虹之玉等品种，生命力很顽强，掉下来的叶子也会生根发芽。有时出现掉叶子的情况，则是由于根部出现了问题等原因。不同情况要采取不同的方法。

9. 多肉植物怎么"穿裙子"了？

答：多肉植物"穿裙子"是指叶片下翻的状态，造成这种情况的原因主要有3个：一是光线不足，二是浇水过多，三是施肥过多。需要根据具体情况采取措施。

10. 多肉植物的叶子怎么"化水"了？

答：浇水过多时，多肉的叶片会水化，变透明，一碰就掉。此时，应将水化的叶片及时摘掉，以免影响其他叶片。然后停止浇水，以干燥为主，可适当向周围喷雾，增加空气湿度。若化水严重，甚至会出现烂根现象。此时，则需要将多肉植物从盆中取出，将烂根切除，放在通风处，晾干后栽入土中发根。

参考文献

[1]〔日〕长田研.多肉植物365日私房手记.刘紫英译.重庆：重庆出版社，2015.

[2]张鲁归.多肉植物栽培与欣赏.上海：上海科学技术出版社，2015.

[3]王意成.新人养多肉零失败.南京：江苏凤凰科学技术出版社，2014.

[4]慢生活工坊.多肉小世界：养好多肉很简单.杭州：浙江摄影出版社，2015.